# MÉMOIRE

SUR LA CULTURE,

## LE TRAVAIL DES LINS,

ET

## LA FABRICATION DES TOILES,

*Dans lequel on démontre que la fabrication des toiles peut devenir l'objet de grandes entreprises d'industrie agricole, et que ces entreprises présenteraient les résultats les plus avantageux non seulement pour les capitalistes, mais encore pour la France elle-même, les propriétaires, les cultivateurs et la classe ouvrière;*

PAR M. ANDRÉ.

A PARIS,

MADAME HUZARD, IMPRIMEUR-LIBRAIRE,

RUE DE L'ÉPERON, N°. 7.

1832.

*Extrait des* Annales de l'agriculture française, 3e. série, tome IX, 1832.

Imprimerie de Mme. HUZARD (née VALLAT LA CHAPELLE), Rue de l'Éperon, no. 7.

# MÉMOIRE

SUR

# LA CULTURE, LE TRAVAIL DES LINS

ET

# LA FABRICATION DES TOILES.

## INTRODUCTION.

Aujourd'hui que l'industrie et le commerce souffrent de la manière la plus sensible, on doit rechercher avec soin tous les moyens possibles de faire disparaître ce malheureux état des choses, ou d'y apporter quelques remèdes.

L'industrie purement manufacturière est poussée à un trop haut point de perfection, et elle ne nous appartient point d'ailleurs d'une manière assez spéciale pour faire concevoir l'espoir d'y obtenir, sinon de nouveaux succès, du moins des succès d'une très longue durée.

Il en est bien autrement de l'industrie agricole : quoique, depuis quelques années, elle ait fait des progrès, il est cependant permis de dire qu'elle est encore dans l'enfance. En lui donnant du développement, elle peut faire jaillir de la terre des sources de richesses qui seraient intarissables et d'autant plus précieuses qu'attachées au sol, rien ne pourrait nous les enlever. C'est donc sur elle que doit se reporter l'attention générale.

Dans cette persuasion, nous nous sommes décidé à venir la solliciter pour la branche la plus importante de cette industrie, *la fabrication des toiles*, en publiant nos idées sur le meilleur moyen de lui donner toute l'extension possible.

Nous avons commencé par une histoire du lin, nous y sommes entré dans les plus grands détails sur sa culture et ses travaux. Il en résulte que le lin passe dans dix mains différentes; que cette division occasione des démarches, des frais de transport, des droits de commission; qu'elle multiplie les frais de maison, les avances et par conséquent les intérêts; que, par suite, elle absorbe la majeure partie des bénéfices qui résultent de l'ensemble des opérations, de telle sorte qu'il ne reste à la plupart des manipulateurs qu'à peine de quoi subsister.

Nous avons ensuite signalé les obstacles qui s'opposent à la culture du lin en grand; nous avons proposé, pour les vaincre, de réunir à cette culture le teillage, la filature et le tissage, et nous démontrons que de cette réunion, qui serait simple et facile, résulterait non seulement une grande économie, mais encore un surcroît de produit.

Puis, supposant une entreprise où ce nouveau mode de travail serait mis en pratique, nous déterminons la mise dehors que cette entreprise exigerait; nous prouvons que la marche à suivre dans les opérations serait dégagée de toute entrave; nous établissons un compte annuel de recettes et de dépenses, et, pour résultat, nous trouvons un bénéfice de 20 pour 100, intérêts et frais de maison prélevés.

Ayant pris tous nos calculs dans la pratique, nous garantissons qu'ils sont exacts. Au surplus, pour vérifier la recette, il suffit de s'assurer que la graine de lin, la toile et les étoupes ont réellement la valeur que nous leur avons assignée. A l'égard de la dépense, les données y relatives sont, sauf l'économie résultant de la réunion, identiquement les mêmes que celles qui figurent dans les comptes de l'exploitation divisée : comme ces données ne laissent aucun bénéfice à la plupart des manipulateurs ; comme celui qu'elles présentent aux autres est très minime, il est difficile de supposer qu'elles sont portées à un taux trop faible.

Nous avons terminé par une énumération des avantages que les entreprises pour la fabrication des toiles présenteraient à l'État, aux propriétaires, aux cultivateurs et à la classe ouvrière.

Nous ne nous sommes point appesanti sur la possibilité de cultiver *le lin non ramé* en grand, parce que nous n'avons point cru qu'elle pouvait faire l'objet d'un doute. En effet, on verra, dans notre mémoire, qu'un grand nombre de personnes spéculent sur cette culture en grand, et nous croyons devoir observer ici qu'il en est parmi elles qui sèment quelquefois en lin plus de 40 arpens de terre dans plusieurs contrées, il leur serait bien plus facile d'en faire valoir 100 dans une même exploitation.

Guidé par le désir d'être utile, persuadé des succès dont seraient couronnées les entreprises sur l'exploitation simultanée de la culture et du travail du lin, nous nous sommes attaché à en démontrer l'évidence. Puissions-nous faire partager notre intime conviction aux capitalistes industriels et contribuer ainsi à la fondation d'établissemens qui doivent avoir une aussi grande influence sur le bien-être général !

---

# DU LIN ET DE SA CULTURE.

Le lin est connu dès la plus haute antiquité, c'est une plante à la fois textile, oléagineuse et médicinale.

On distingue plus de trente espèces de lin, mais une seule est cultivée; nous n'entendons parler que de celle-là.

Sa racine est menue, peu garnie de fibres; sa tige est cylindrique, simple et le plus souvent creuse, grêle, lisse, haute de 2 à 3 pieds, branchue vers le sommet. Cette tige est revêtue d'une écorce rude composée d'un grand nombre de fils très déliés. Les feuilles sont pointues, larges de 2 ou 3 lignes, longues d'environ 2 pouces, placées alternativement sans ordre sur la tige, molles, lisses. Les fleurs sont en forme d'œillet, jolies, petites, peu durables, d'un beau bleu; elles naissent au sommet des tiges portées sur des pédoncules grêles, assez longs; elles sont composées chacune de cinq pétales arrondis sur leur bord, d'un calice d'une seule pièce en forme de tuyau, découpé en cinq parties.

L'ovaire, qui est surmonté de cinq styles grêles, terminés chacun par un stigmate obtus, devient un fruit de la grosseur d'un pois chiche, presque sphérique et terminé en pointe. Ce fruit est une capsule globuleuse, environnée à sa base par le calice, à dix valves, dont les bords rentrans forment autant de cloisons; chacune des loges contient une seule graine brune, ovoïde, lenticulaire, comprimée, très lisse et luisante.

La graine est composée d'une petite amande émulsive et d'une écorce assez épaisse, qui contient une grande quantité de mucilage. Cette graine donne par expression une huile siccative, très employée dans les arts et surtout dans la peinture.

Cette espèce de lin se divise en trois variétés : le *grand lin* ou *lin froid*, le *lin-chaud* ou *têtard*, et le *moyen*.

Le *grand lin* est le plus élevé, c'est celui qui mûrit le

plus tard et qui produit le moins de graines. Il pousse lentement; souvent il n'a pas la hauteur de deux doigts six semaines après avoir été semé; mais sa végétation devient ensuite plus rapide; il a peu de branches et ne se raccourcit presque pas dans le travail.

Le *lin chaud* ou *têtard* pousse fort vite d'abord; il s'élève beaucoup au dessus des autres; mais sa végétation se ralentit bientôt, et à la récolte il est bien moins élevé que les autres. Il est le plus productif en graines et abonde conséquemment en têtes. Ces têtes naissent de forts bras qui se détachent lorsque l'on travaille le lin, et entraînent la rupture de la filasse. C'est ainsi que cette filasse, déjà courte, se raccourcit encore: sa qualité est d'ailleurs bien inférieure à celle de la première variété.

Le *lin moyen* réunit à peu près les avantages des deux variétés précédentes. Il ne pousse pas aussi vite que le lin chaud, porte moins de graine et s'élève davantage. C'est le plus généralement cultivé, du moins en France.

Lorsqu'on veut avoir du grand lin ou lin froid, il faut faire venir la graine de l'île de Kasan. Cette graine se nomme alors graine de Riga ou de tonneau; elle n'est jamais pure, c'est à dire qu'elle donne toujours quelques tiges de lin chaud, et comme cette variété rend beaucoup plus de graines, il s'ensuit qu'au bout de quelques années cette semence se trouve presqu'entièrement convertie en cette espèce. C'est pour cette raison qu'on change de graine tous les quatre ou cinq ans.

La graine du pays ne se distingue pas facilement de celle de Riga. Il faut avoir l'attention de semer celle-ci dans un terrain distant de quelques lieues, ou différent par sa nature de celui où elle a été recueillie. On prétend que cette précaution ne doit être prise que pendant les quatre ou cinq années qui suivent l'importation, et que ce laps de temps une fois écoulé, le changement de sol n'est plus nécessaire, et que la graine peut être semée dans le même terrain, où elle produit toujours du lin têtard, pourvu qu'elle soit bonne.

Pour être bonne, il faut que la graine soit pesante et luisante; c'est une chose à laquelle on ne saurait apporter trop d'attention.

Généralement parlant, ce sont les terres planes, légères et sablonneuses qui conviennent le mieux au lin, surtout si elles sont un peu fraîches : on y cultive cette plante avec la plus grande chance de succès possible. Ces terres donnent une filasse fine : celles qui réunissent toutes ces conditions et dont la couleur est noire sont les plus favorables à cette culture. La récolte des terrains substantiels, quoique bien moins certaine, est quelquefois plus apparente. La tige du lin qu'ils produisent est longue et forte, mais la filasse en est grosse.

Il arrive qu'un terrain compacte donne une belle soie, un terrain léger une grosse filasse et même la graine de lin froid un lin tétard; mais cela est très rare.

Dans le département de l'Aisne, c'est aux environs de Chauny et de Coucy que se trouvent les terres les plus favorables à la culture du lin : nous pensons même qu'il serait difficile d'en trouver ailleurs de meilleures, car, depuis plus de vingt ans qu'on y a introduit la culture de cette plante, on a toujours obtenu les plus belles récoltes possible, *quoiqu'on les fasse revenir tous les trois ans dans la même terre*. Il est bien rare qu'une semaille y manque entièrement; et plusieurs cultivateurs n'ont même jamais essuyé de perte à cet égard.

Cependant, il y a une grande variété dans le sol de ces contrées : là, ce sont des terres fortes, noires et mêlées de sable; plus loin, on rencontre un sable léger dont la couleur change et la fertilité augmente ou diminue sensiblement à de très faibles distances. Beaucoup ne conviennent point aux céréales, on n'y cultive avec succès que le lin et le chanvre. Une partie n'est même défrichée que depuis qu'on se livre dans le pays à la culture du lin : son exploitation n'aurait auparavant donné aucun bénéfice, aujourd'hui c'est cette partie qui donne le lin le plus beau et le plus soyeux. On suit néanmoins partout le même mode d'assolement; c'est un assolement triennal de chanvre, lin et blé. Les cultivateurs fument pour le chanvre, versent la terre après la récolte, l'ameublissent dans les premiers jours du printemps suivant par quelques hersages et roulages, sèment immédiatement le lin sans nouvelle fumure et poursuivent ensuite pour le blé, qui vient très bien après le lin.

Il est à remarquer que, dans ces contrées, l'on trouve à une faible profondeur une couche de terre imperméable qui retient l'eau, et nous présumons que c'est ce qui les rend aussi favorables au lin; car sa racine doit toujours trouver dans le sol l'humidité indispensable à sa végétation.

On s'étonnera sans doute qu'on obtienne une bonne récolte de lin d'une terre qui ne reçoit qu'un labour avant l'hiver et qu'on se borne à herser et rouler au moment de l'ensemencement. Nous n'aurions jamais pu le croire, si l'expérience ne nous l'avait démontré; aussi c'est avec la plus grande surprise que nous avons vu une superbe récolte de lin dans des pièces ainsi cultivées, et une récolte on ne peut plus médiocre dans d'autres pièces de même nature, à pareil état d'engrais, auxquelles on avait été obligé de donner, au printemps, un second labour. Voici comment nous nous en sommes rendu compte.

En ouvrant la terre on donne accès à la sécheresse, qui la pénètre; la semence répandue dans cet état de choses ne peut germer, ou, si elle lève, le germe ne tarde pas à se paralyser, parce qu'il cesse de trouver dans la terre l'humidité convenable à sa nourriture.

On pourra demander pourquoi, dans le département du Nord et dans la Flandre, on obtient encore de plus beaux résultats en suivant un mode de culture opposé, c'est à dire en ameublissant la terre le plus possible par des labours et par des hersages et roulages avant de l'ensemencer. Cela ne tient absolument qu'à la manière de procéder des cultivateurs, et c'est aussi à cette raison qu'ils doivent la supériorité de leurs produits.

D'abord, après avoir semé, ils arrosent la terre déjà

dans un bon état de préparation, avec du *pureau* (*urine*) de vaches et autres engrais liquides très puissans, et cet arrosement, en fournissant à la terre l'humidité dont elle a besoin pour la germination, répare l'inconvénient que je viens de faire ressortir. Il lui donne en outre la plus grande force végétative possible et la fait profiter des avantages immenses de la bonne culture. Puis, ils sèment plus dru, obtiennent ainsi des tiges moins grosses et même souvent tellement menues, que le lin verserait s'il n'était soutenu par des rames, espèce de support qu'ils font établir à grands frais. C'est pour cette raison que la soie est plus fine et conséquemment d'une qualité supérieure.

Au reste, ils n'ont presque point d'avantage sur les cultivateurs des contrées dont nous venons de parler; car l'excédant et la supériorité de leurs produits se trouvent presque entièrement balancés tant par le surcroît de dépense que par une différence de probabilité; et comme ils n'obtiennent qu'une légère augmentation de bénéfices en prenant infiniment plus de peine, leur position n'est point préférable.

Sans doute le lin ramé a une valeur quadruple, sextuple même de celui qui ne l'est pas. Sans doute la même proportion n'existe pas pour la dépense; mais si l'on considère que le lin ramé verse bien plus souvent que l'autre, que cet accident lui cause un bien plus grand préjudice, qu'il est seul exposé à se chaufourner, et que d'un autre côté il ne peut être semé dans la même terre aussi souvent que le lin ordinaire, on reconnaîtra facilement que toutes ces raisons, jointes à l'excédant de dépense, établissent la compensation.

Localités, circonstances et usages sont trois choses qui influent sur le mode de culture et sur la culture elle-même.

Ici, les terres conviendraient au lin, cependant on ne l'y cultive pas, l'éloignement des lieux où on le manipule en est cause.

Là, les terres ne lui sont point aussi favorables à beaucoup près, et pourtant on en sème, parce qu'on l'exploite dans le pays. La nature du sol exige qu'on donne un labour au printemps et on sème sans arroser. Si la pluie facilite et hâte la germination, le lin vient plus ou moins bien selon que le temps est plus ou moins opportun et selon encore que la terre se trouve dans un plus ou moins bon état d'engrais. Dans le cas contraire, il manque entièrement, ce qui n'arrive que trop souvent et décourage l'agriculteur.

Les cultivateurs du département du Nord se mettent à l'abri de cette chance défavorable par l'emploi des engrais liquides : apportant alors plus de soins à la culture, il est naturel qu'ils fassent en sorte d'obtenir des produits d'une qualité supérieure ; ils y parviennent en semant beaucoup plus dru : de là surcroît de dépense pour l'ensemencement, pour le sarclage, etc., etc., et nouveaux frais pour le ramage, qui devient indispensable.

Dans la Flandre, le bas prix des céréales a forcé les cultivateurs à tourner vers le lin toute leur attention : ils n'ont point tardé à connaître tous les avantages qu'ils pouvaient retirer de cette plante précieuse. Aussi ne négligent-ils rien pour que leurs récoltes soient assurées, abondantes et de la plus belle qualité possible, et comme, avec de la persévérance, l'homme vient à bout de tout, ils atteignent leur but. C'est ce qui fait que la culture du lin est aujourd'hui poussée à un tel point de perfection, dans ce pays, qu'on peut à juste titre la considérer comme modèle. Telle est aussi la cause du tribut que la France lui paie en recevant ses fils et ses toiles, et dont, il faut l'espérer, elle ne tardera point à s'affranchir.

Enfin, dans certains endroits on ne cultive que les lins ordinaires, parce qu'on en obtient de belles récoltes avec peu de labours et d'engrais, et que le lin ramé, en exigeant bien plus de soins, ne procurerait point un avantage proportionné ; d'ailleurs la consommation n'exige qu'une très faible quantité de lin ramé, comparativement à ce qu'il faut de lin ordinaire pour y subvenir.

Nous disons que la consommation exige peu de lins ramés. En effet, le fil provenant de quelques arpens de lin ramé donne un produit immense. Ce fil coûtait anciennement plus de 2,000 fr. le kilog. ; il servait à ce magnifique point d'Alençon dont il est si regrettable d'avoir vu tomber la fabrication, introduite de Venise en France (à Alençon et Argentan) par Colbert. Aujourd'hui on l'emploie pour les batistes les plus belles et les plus chères, travaux tellement fins qu'on pourrait, en se servant de l'expression d'un ancien, les dire de l'air tissu.

N'ayant en vue que la fabrication des toiles, nous ne nous occuperons ni du lin ramé ni du lin têtard. Le lin froid cultivé de la manière la plus générale servira seul de base à nos calculs. Nous supposerons qu'il est semé aux environs de Coucy et de Chauny par des liniers locataires des environs de Moy (1), qui cèdent leurs récoltes aux liniers exploitans de leur pays, et nous prions le lecteur de ne point perdre notre observation de vue ; car produit, dépense, tout dépend des localités.

Il est d'abord indispensable d'entrer dans quelques détails relativement au linier locataire et au linier exploitant.

Dans la crainte de ne point réussir, beaucoup de cultivateurs n'ensemencent point eux-mêmes la terre destinée à porter lin ; ils la louent.

D'un autre côté, les personnes qui s'occupent du teillage (celles que nous qualifions de liniers exploitans) traitent rarement avec les cultivateurs ; ne faisant valoir que le produit de quelques arpens qui exigent souvent l'emploi de la majeure partie de leur avoir, le manque de récolte leur ferait un tort trop considérable et d'autant sensible qu'ils n'auraient aucun moyen de subvenir à leurs besoins pendant l'année, et c'est ce qui les retient.

(1) Moy, chef-lieu de canton, arrondissement de Saint-Quentin, Aisne.

Cet état de choses nécessite l'intervention d'un spéculateur, et c'est ce spéculateur que nous désignerons sous le nom de linier locataire.

*Du cultivateur.*

Ayant déjà eu occasion de parler du mode de culture, il ne nous reste qu'à établir le compte de recette et dépense.

Le cultivateur traite avec le linier locataire, à raison de cent cinquante francs par arpent. . . . . . . 150

*Dépense.*

| | | | |
|---|---|---|---|
| Redevance et impôts. . . . . . . . . | 20 | | |
| Labour, hersages et roulages. . . . | 25 | | |
| Engrais (2 cinquièmes d'un assolement triennal, le lin en absorbant plus que les autres plantes). . . . . . . . | 30 | | |
| Frais de maison du cultivateur. . . | 10 | | |
| Total. . . . . . . . . . . . . . | 85 | ci | 85 |
| Bénéfice net. . . . . . . . . . . . . . . . | | | 65 |

*Du linier locataire.*

Les liniers locataires jouissent presque tous d'une certaine aisance; originaires du pays au lin, cette plante a fixé leur attention, et ils en forment l'objet d'une spéculation pour laquelle ils possèdent les connaissances nécessaires, et dont ils retiraient autrefois de forts bénéfices. Ils parcourent les contrées favorables à sa culture quelques mois avant l'époque des semailles; ils traitent *quelquefois à plus de quinze lieues de leurs demeures* d'une quantité de terre plus ou moins grande, selon que leurs moyens pécuniaires le leur permettent, et communément de vingt-cinq arpens; ils fournissent la graine, font ou font faire l'ensemencement, se chargent du sarclage, et vendent aux liniers exploitans la récolte lorsqu'elle arrive à maturité.

Comme celui des céréales, l'ensemencement du lin se fait à la volée; il s'effectue fin de mars ou dans les premiers jours d'avril. On emploie communément 1 hect. 25 litres de graine par arpent.

La graine de Riga vaut 50 fr. l'hectolitre, celle qu'elle produit ne se vend plus que 36 fr., et il s'établit ainsi une diminution progressive en rapport avec le nombre d'années d'importation : de manière qu'après quatre ou cinq ans la graine ne vaut plus que 15 fr.

Nous évaluons la graine des semailles au double de celle de la récolte, à cause de la nécessité de la renouveler de temps en temps par la graine de Riga.

Aussitôt que la graine est répandue, on la couvre par un hersage, et on affermit immédiatement la terre en lui donnant un tour de cylindre.

Il a été constaté, aux États-Unis d'Amérique et ensuite en Angleterre, que l'hydrochlorate de soude (sel marin ou de cuisine), mêlé à la semence de lin, avançait beaucoup sa végétation.

La levée du lin s'effectue en douze ou quinze jours; la graine levée doit former une pelouse veloutée d'un vert tendre, agréable à la vue.

Lorsque le plant a acquis une hauteur d'environ huit centimètres (trois pouces), il est indispensable de le sarcler, pour empêcher les plantes parasites d'envahir le terrain et d'étouffer les jeunes plantes, qui sont fort délicates, et dont le succès dépend en grande partie de leur première végétation. Pour éviter autant que possible de les endommager, les sarcleuses se déchaussent. Ce travail est plus ou moins coûteux, selon que la terre est plus ou moins sale. On en estime la dépense, année commune, à 7 fr. par arpent de terre, et dix personnes peuvent faire ce travail en un jour : c'est 70 cent. pour chacune (1).

Les grandes chaleurs engendrent de très petites mouches ou pucerons qui ravagent les lins naissans, ils en

(1) On n'emploie que des femmes et des enfans.

sont souvent tout noirs. Il n'y a que la pluie qui secourt le lin contre cette vermine. On sème quelquefois dessus, pour l'en préserver, de la cendre ou de la suie en poudre; mais elles produisent peu d'effet, il en faudrait d'ailleurs trop sur un grand espace.

Les taupes et leurs longues trames retournent le germe du lin, et le rendent stérile; on les prend, et l'on raffermit avec le pied les endroits gâtés.

La grêle forme, à l'endroit où elle frappe la tige, une espèce de chancre qui coupe la soie et empêche de tirer parti même du plus beau lin lorsqu'il en a été attaqué.

Quand le lin touche au terme de sa végétation, le linier locataire le vend au linier exploitant, auquel il accorde six mois de terme pour le paiement. Il traite à raison de 250 fr. par arpent (1) ci. . . . . . . 250 fr.

*Dépense.*

| | | |
|---|---|---|
| Location. . . . . . . . . . . . . . | 150 | |
| Graine (1 hect. $\frac{1}{4}$) et semage. . . . | 38 | |
| Étaupinage. . . . . . . . . . . . | 2 50 | |
| Sarclage. . . . . . . . . . . . . | 7 | |
| Démarches et pour-boire que nécessitent la location, l'ensemencement, le sarclage et la vente. . . . | 7 | |
| Total. . . . . . . | 204 50 | ci 204 50 |
| Le linier locataire a donc par arpent un bénéfice brut de . . . . . . . . . . . . . | | 45 50 |
| qui, multipliés par 25, nombre des arpens qu'il fait valoir, donnent un résultat de. . . . . . | | 1137 50 |
| De cette somme il convient de déduire : | | |
| Intérêts à 5 p. % des avances, approximativement. . . . . . . . . . . | 87 50 | |
| Frais de maison. . . . . . . . . . | 500 | |
| Pertes à essuyer par suite de faillite des liniers exploitans. . . . . . . . . | 50 | |
| Total. . . . . . . . . . | 637 50 | ci 637 50 |
| Partant, le bénéfice n'est que de . | | 500 |

(1) Le lin sur pied avait une valeur presque double il y a dix ans.

On trouvera ce bénéfice bien minime, si l'on considère que, pour l'obtenir, le linier locataire expose plus de 5,000 francs.

Quoiqu'il arrive que le linier locataire ne rentre point entièrement dans ses avances, ou les perde en totalité, sa position est pourtant bien différente de celle du linier exploitant et du cultivateur : ceux-ci, n'ensemençant que quelques arpens, ont à craindre que l'année ne leur soit point favorable; les liniers locataires opérant au contraire sur un bien plus grand espace et dans plusieurs endroits, s'ils ne réussissent point d'un côté, ils ont souvent ailleurs une belle récolte qui les dédommage de toutes pertes, et leur fournit en outre un bénéfice que nous assimilons à une prime d'assurance supportée par moitié entre le cultivateur et le linier exploitant.

*Du linier exploitant.*

Le linier exploitant achète le lin sur pied au linier locataire, il le fait arracher, conduire chez lui, rouir et teiller, puis il vend la filasse.

Quand le lin jaunit, que ses capsules s'ouvrent et ses feuilles commencent à tomber, ce qui arrive ordinairement vers la fin de juin, il est évidemment parvenu à maturité. Pour en faire la récolte, on l'arrache par poignées, que l'on couche à terre comme le blé. On le relève vingt-quatre heures après, à moins qu'on ne se soit hâté de le relever plus tôt par la crainte de la pluie. Alors on le dispose dans le champ même assez généralement par petits paquets écartés du pied, afin qu'ils se tiennent debout et que l'air y pénètre plus facilement. La maturité se complète ainsi. Ce travail coûte 20 fr. par arpent.

Lorsque le lin est assez sec, on réunit les paquets. La plus forte partie est rangée debout en lignes droites, épaisses d'environ 30 pouces; avec le surplus on forme sur ces lignes une espèce de toit qui les met à l'abri de la pluie, le tout est assujetti par des liens. Les lignes se nomment ormes ou ourmes. On les fait aussi longues que l'on veut.

La mise en orme et le bottelage, dont nous parlerons plus loin, coûtent 5 fr. pour la récolte d'un arpent.

Sur 20 arpens semés en lin, deux manquent entièrement; trois donnent 4,950 kilog. de lin en tige, compris le poids des capsules et de la graine, à raison de 1,650 kilog. (1) l'un (mauvaise récolte), ci. . 4,950 k.

10 en rendent 22,500 kilog., à raison de 2,250 kilog. (2) l'un (moyenne récolte), ci. . . 22,500

Et 5 en produisent 14,050 kilog., à raison de 2,810 kilog. (3) l'un (bonne récolte), ci. . 14,050

Total. . . . . . . 41,500

Le 20$^{e}$. pour chaque arpent (produit moyen) est donc de 2,075 kilog. (4).

La qualité du lin est généralement en rapport avec la quantité. Ainsi plus on récolte de lin dans un arpent de terre, plus la soie a de valeur.

Il est des plantes épuisantes que l'on peut mettre successivement dans la même terre, telles, par exemple, que la betterave et le chanvre; mais il n'en est point ainsi pour le lin, il exige une culture intermédiaire. Nous avons dit qu'aux environs de Chauny on le semait tous les trois ans; dans beaucoup d'endroits, on attend cinq ou six ans. Il faut un bien plus grand intervalle pour le lin ramé.

Quelques mois après la récolte, le lin est mis en gerbes. Ces gerbes pèsent communément 12 kilogrammes 500 grammes ou 25 livres chacune. Le linier exploitant les fait conduire chez lui. Un chariot n'en peut contenir que deux cents. Le voiturier a souvent plus de 15 lieues à parcourir et le transport revient communément à 25 fr. pour 2,075 kilog., produit moyen d'un arpent.

On range le lin soit dans la grange, soit dans le grenier. Il est susceptible d'être rongé par les souris; on le bat le plus tôt possible pour le garantir de leur dégât.

On ne bat pas le lin au fléau; on a une pièce de bois épaisse de 2 pouces et demi à 3 pouces, plus lon-

(1) 132 gerbes de 25 livres l'une.
(2) 180 idem.
(3) 225 idem.
(4) 166 idem.

gue que large, emmanchée d'un gros bâton un peu recourbé : on nomme cet instrument *batte*. C'est avec lui qu'on écrase la tête du lin en le tenant sous le pied et en frappant de la main.

Après ce travail, qui fait perdre au lin le cinquième de son poids, on vanne pour séparer la graine du débris des capsules ou de la menue paille.

2,075 kilog. de lin en tige (produit moyen d'un arpent) rendent quatre hectolitres de graine.

La menue paille est une excellente nourriture pour les bêtes à laine et même pour les bêtes à cornes; elle indemnise des frais de battement. Il ne faut point la confondre avec la grosse paille, débris de la tige. Celle-ci prend ordinairement le nom de chenevotte, nous la désignerons ainsi pour éviter toute méprise.

Une fois le lin battu, il faut le rouir (1). On commence par former des poignées que l'on range les unes sur les autres, les racines en dehors à chaque bout; et quand on a formé une botte d'environ 4 pieds de circonférence, on a deux bons liens avec lesquels on la serre à chaque extrémité : ces bottes s'appellent *bonjeaux*. On les couche les unes contre les autres dans le routoir. On les retourne tous les jours à la même heure jusqu'à ce qu'on s'aperçoive que le lin est assez roui. Le point important est de le retirer à temps; il faut avoir égard à la saison et aux circonstances et même à l'usage auquel on le destine.

Si les eaux sont froides, on l'y laisse plus long-temps; si elles sont chaudes et le temps orageux, le rouissage marche plus vite. Il faut y veiller avec attention. On attend communément que la soie se détache bien du pied et qu'elle se lève facilement d'un bout à l'autre de la tige. Alors il faut se hâter de le retirer et de le faire *ressuyer* (sécher).

---

(1) Le rouissage est une opération par laquelle la partie gommo-résineuse, qui réunit la partie filamenteuse à la partie ligneuse, entre en fermentation, se décompose et entraîne avec elle la partie colorante du lin. Ce résultat ne pourra jamais être obtenu par la mécanique, c'est une vraie opération chimique qu'il est difficile de simplifier et de rendre moins malsaine. (*M. Marcellin Vétillart.*)

A cet effet, on le met près du routoir en petits paquets disposés de la même manière que ceux que l'on fait dans le champ après la récolte. On retourne ces paquets plusieurs fois, et lorsque le lin est bien sec on le remet en bottes. Ce travail est minutieux et exige un temps favorable.

Le routoir est une espèce de petit étang de 100 pieds de long environ sur 30 de large, souvent alimenté par une rivière. Il faut, pour rouir, une eau claire, constamment renouvelée : sans cela, le lin se gâterait. Cependant le courant doit être faible ; s'il était fort, le roui serait dur. C'est pour cette raison que le rouissage s'effectue rarement dans les rivières.

On se sert aussi pour rouir d'eau de source ; généralement elle dégraisse plus le lin qui, par suite, pèse moins et perd un peu de sa force. D'un autre côté, sa couleur en est plus belle, c'est à dire qu'il est plus blanc.

Toutes les eaux de rivière ne sont point aussi favorables les unes que les autres au rouissage. On préfère beaucoup pour cet usage les eaux de l'Oise à celles de la Somme, quoique celles-ci soient toujours plus limpides.

Le rouissage à eau de source s'effectue dans les mois de mars, avril, mai, septembre et octobre, il dure environ vingt jours. On n'opère dans les routoirs alimentés par des rivières qu'en mai, juin, juillet et août, le rouissage s'y fait en une dizaine de jours.

Aussitôt que le lin est essuyé, on va l'étendre fort clair sur une herbe courte. Là il blanchit ; on le retourne tous les deux ou trois jours avec une gaule ; au bout de quinze jours ou trois semaines, lorsqu'il est sec et blanc, on le relève, on le remet en bottes et on le reporte au grenier ou à la grange. A cet état, il a encore perdu le cinquième de son poids, les souris n'y font plus rien et il ne dépérit pas.

Les liniers exploitans paient, par fauchée de pré qu'ils

emploient au blanchîment, jusqu'à 150 fr. de redevance annuelle, et encore est-elle souvent éloignée de leur routoir ; ce qui leur occasione des frais de transport.

Il faut une fauchée de pré (42 ares 91 centiares) pour le blanchîment de la récolte de 4 arpens.

*L'essuiement* (séchage) et le blanchîment du lin, accessoires du rouissage, présentent beaucoup d'embarras et de difficultés; on n'a pu jusqu'à présent les pratiquer en grand, et c'est ce qui retient la culture dans l'état de stagnation où elle se trouve, ainsi que nous le démontrerons plus tard.

Ces opérations exigent un temps opportun; l'ouvrier se met à l'ouvrage aussitôt qu'il fait beau, et il est obligé de retourner chez lui dès que la pluie survient : à peine arrivé à l'endroit du travail, il est souvent obligé de le quitter; il perd ainsi en allées et venues inutiles une partie de ses journées au préjudice du linier exploitant.

Celui-ci doit donc avoir des personnes à sa disposition à toute heure du jour, c'est à dire qu'il puisse appeler et renvoyer à volonté selon les variétés du temps. Quand il est favorable, il faut qu'incontinent il cherche les bras dont il a besoin. Il réunit bien ainsi, à force de démarches, quatre ou cinq ouvriers, et encore ne se rendraient-ils point à ses ordres s'il ne les employait ordinairement; mais il ne pourrait s'en procurer vingt, à plus forte raison cent. Il faut souvent qu'il aille chez douze pour en avoir quatre; quelquefois même il fait une perte considérable, faute de pouvoir trouver les bras nécessaires : son lin ne peut être relevé assez promptement; les pluies qui surviennent le retiennent sur le pré bien plus long-temps qu'il ne faudrait, l'attendrissent et le gâtent même entièrement si elles se prolongent trop : voilà ce qui le force à limiter son exploitation.

La dépense que le rouissage et les travaux accessoires nécessitent peut être ainsi établie pour 1660 kilog. de lin en tige battu (produit moyen d'un arpent).

Location du pré, déduction faite de la valeur du foin . . . . . . . . . . . . . . . . . . . . . . . . 20
Main-d'œuvre. . . . . . . . . . . . . . . . . . . . . 15

Total. . . . . 35

Les liniers exploitans font valoir la récolte de 5 à 12 arpens, selon leurs moyens et communément de 8 arpens.

Après le rouissage du lin vient l'écangage ou teillage.

On dispose le lin à ce travail en le maillant, c'est à dire en l'écrasant à grands coups avec une pièce de bois emmanchée et pareille à celle qui sert à battre la linuise, sauf qu'il porte en dessus des entailles ou crans qui facilitent l'opération.

Toute la paille ou chènevotte est ensuite séparée de la soie à l'aide d'une planche échancrée d'un côté, à la hauteur de ceinture d'homme et montée sur des pieds. L'écangueur étend le lin par le milieu de la longueur sur l'échancrure; il le tient d'une main, de l'autre il frappe avec un écang de bois dans l'endroit où le lin répond à l'échancrure. Par ce moyen, il est brisé, la paille tombe et il ne reste que la soie. On travaille ainsi le lin sur toute sa longueur, passant successivement d'une portion écanguée à une portion qui ne l'est pas. Après cette opération qui coûte 24 c. par kilog. de filasse (1), on forme des bottes d'un kilogramme 375 grammes (2 liv. $\frac{3}{4}$). De 1,000 kilog. de lin roui il n'en reste plus, lorsqu'il est dépouillé par l'écangage, que le quart ou 250 kilog. Ainsi 2,075 kilog., produit moyen d'un arpent, réduits successivement lors du battement à 1660 kilog. et par le rouissage à 1,328 kilog., ne fournissent que 332 kilog. de soie.

Une partie de la filasse se rompt à l'écangage et tombe avec la paille : ces deux matières ainsi mélangées se nomment vulgairement *équignons*; elles sont séparées par des ouvrières, qui font avec les débris de la soie que les liniers leur abandonnent un fil grossier pour la fabrication des toiles d'emballage. Le produit de ce tra-

(1) 33 cent. pour la botte.

vail est si minime, qu'il faut être accablé de misère pour s'y livrer. La chenevotte sert quelquefois à la fabrication du papier ; mais elle est plus communément employée comme combustible, et en cette qualité elle subvient ordinairement aux besoins des liniers exploitans. Allumée, elle ne flamberait pas et s'éteindrait, si on ne l'agitait continuellement à l'aide d'un tisonnier, ce qui fait que le feu qu'on en obtient est triste et aussi ennuyeux que difficile à entretenir. Aussi beaucoup de personnes n'en font usage que parce qu'elles l'ont chez elles ; elles ne l'emploieraient pas s'il fallait l'acheter, quelle que fût la modicité de son prix.

Par suite des retards qu'éprouve la rentrée du lin chez le linier, il n'est roui qu'un an après la récolte. L'écangage n'a lieu alors que pendant la seconde année et la troisième s'écoule presque toujours avant qu'il soit livré en filasse au commerce, parce que le linier a rarement l'occasion de le vendre dès qu'il est façonné.

La filasse vaut, prix moyen, 1 fr. 25 c. le kilog. (1).

| | | |
|---|---|---|
| Les 332 kilog. que le linier exploitant obtient de la récolte d'un arpent de terre produisent donc. | | 415 |
| Graine, 4 hect. à 15 fr. l'un (j'ai évalué celle des semailles à 30 fr.), ci. . . . . . . . . . . | | 60 |
| Total. . . . . . . . | | 475 |
| *Dépense.* | | |
| Achat au linier locataire. . . . . . | 250 | |
| Arrachemens et travaux accessoires. | 20 | |
| Ormage et bottelage. . . . . . . . . | 5 | |
| Démarches que nécessitent l'acquisition, l'arrachement et le charroi. . . | 10 | |
| Charroi. . . . . . . . . . . . . . . | 25 | |
| Rouissage et travaux accessoires. . | 35 | |
| Teillage. . . . . . . . . . . . . . . | 80 | |
| Total. . . . . | 425 | ci 425 |
| Bénéfice brut. . . . . . . . . . . | | 50 |

(1) Elle avait une valeur presque double il y a dix ans.

Ces 50 francs multipliés par 8, nombre d'arpens que le linier exploitant fait valoir, donnent un résultat de. . . . . . . . . . . . . . . . . . . . 400

A DÉDUIRE :

| | | |
|---|---|---|
| Intérêts de la mise dehors (2,000 f.), ci. . . . . . . . . . . . . . . . . . . . . | 100 | |
| Frais de maison. . . . . . . . . . . | 300 | |
| Total. . . . . . . . . | 400 00 ci | 400 |
| Bénéfice. . . . . . . . . . . . . . . | | 000 |

Il est évident que le linier ne peut faire face à ses frais de maison avec 300 francs; mais comme la direction et la surveillance de ses travaux n'absorbent qu'une partie de son temps, il emploie le surplus comme ouvrier, et le salaire qu'il gagne en cette qualité couvre le déficit. Autrefois l'exploitation de 8 arpens lui procurait un bénéfice de 1,000 francs environ, ses frais de maison prélevés. Aujourd'hui au contraire il peut à peine, avec le même commerce, subvenir à ses besoins; il est obligé de teiller une partie de son lin, et ce travail est des plus pénibles. Sa position est donc loin d'être heureuse.

*Du commissionnaire en lin.*

Avant d'arriver à la filature, le lin passe par les mains d'un commissionnaire, auquel il laisse, bien entendu, un bénéfice.

Le commissionnaire en lin sert d'intermédiaire entre le linier exploitant et le filateur à la mécanique, ou autres personnes qui, éloignées du pays au lin, spéculent sur la vente en détail aux fileuses. Il achète, se charge de l'emballage et de l'expédition; on lui accorde un droit plus ou moins fort sur le prix de la marchandise, suivant les facilités qu'il donne lui-même pour le remboursement. Lorsque le remboursement se fait immédiatement, la remise n'est que de 3 pour 100, tout compris. En achetant annuellement 15,000 kilogrammes de lin au prix indiqué de 1 fr. 25 cent., il retire 562 fr. 50 cent., ci . . . . . . . . . . . . . . . . . 562 50

A DÉDUIRE :

| | | |
|---|---|---|
| Frais d'emballage, démarches et pour-boire. . . . . . . . . . . . . . | 162 50 | |
| Frais de maison. . . . . . . . . | 200 | |
| Total. . . . . . . . . | 362 50 ci | 362 50 |
| Bénéfice net. . . . . | | 200 |

Peu de personnes s'occupent exclusivement de l'achat du lin. Presque tous les commissionnaires sont en même temps liniers locataires ou liniers exploitans : c'est pour cette raison que nous ne portons en frais de maison que partie de la somme nécessaire pour subvenir à leurs besoins.

*De la filature.*

Il convient d'abord de parler de la filature à la main, pour être à même de faire ressortir les avantages et les inconvéniens de la filature à la mécanique.

La fileuse, avant d'employer le lin, le passe successivement sur des peignes de fer, les premiers à dents plus grosses et plus écartées, et les autres dents plus fines : c'est ce qu'on appelle peigner.

Par cette opération le lin se décharge de sa gomme ; ses fils qu'elle collait se divisent. Rompue à l'avance ou au moment de l'exécution, une partie de la filasse qu'on nomme étoupe reste dans les dents de la machine, et le lin perd ainsi une partie de son poids. Les étoupes ne pèsent que les neuf dixièmes du déchet du peignage, ce qui laisse un dixième d'évaporation et poussière.

Il faut à une bonne fileuse cinq jours consécutifs pour faire un kil. de fil mesurant 24,000 mètres ; elle emploie 1,143 grammes de filasse.

| | |
|---|---|
| Le fil lui rapporte. . . . . . . . . . . . . . . . | 3 65 |
| Elle retire en outre des étoupes (129 grammes), qu'elle vend à raison de 40 c. le kilog. . | 0 05 |
| Total. . . . . . . . . . . . . . . . . . . | 3 70 |
| La filasse lui coûte, à raison de 1 fr. 35 c. le kil. (1). . . . . . . . . . . . . . . . . . . . | 1 55 |
| Elle gagne conséquemment pendant 5 jours (2) | 2 15 |
| Et par jour. . . . . . . . . . . . . . . . . . . | 0 43 |

La filature à la mécanique se fait au moyen de métiers continus construits d'après divers systèmes qui donnent des résultats différens.

Les uns occasionent peu de déchet; mais le fil qui en provient n'est point régulier : on ne peut avantageusement l'employer pour la fabrication des toiles, parce que le tissage en est difficile, et que d'ailleurs les grosseurs qui existent dans le tissu lui ôtent une forte partie de sa valeur; généralement on le retord pour la couture. Il est impossible, avec ces métiers, d'atteindre une grande finesse : on arrive au plus au N°. 30,000 mètres au kilog., et encore faut-il pour cela que la matière soit de la première finesse.

Si avec les autres on perd, à finesse égale, un peu plus de lin, on a du moins un fil plus régulier. Ce fil, moins velu et plus tors que celui à la main, lui est préféré par le tisserand, qui n'a pas besoin de le parer pour le travailler. Il donne une très belle toile. Ces métiers permettent de pousser la finesse jusqu'à 60,000 mètres au kilog. Ils exigent généralement plus de main-d'œuvre, et comme il y a excédant tout à la fois dans la dépense et dans le déchet, le fil qu'on en obtient revient plus cher. Cependant nous trouvons qu'ils doivent avoir

---

| | |
|---|---|
| (1) Le linier vend le lin. . . . . . . . . . . . . . . . . | 1 f. 25 |
| Commission, transport et bénéfice sur la vente en détail. | 0 10 |
| Somme pareille. . . . . . . . . . . . . | 1 35 |

(2) Ainsi la filature à la main revient à 2 fr. 15 c. par kil. de fil N°. 24,000 mètres.

la préférence, parce qu'il vaut mieux avoir de la marchandise qui coûte plus et soit d'un placement facile, que d'en posséder qui coûterait moins et dont on ne se déferait qu'avec peine.

Avant tout, il est indispensable de peigner le lin (1). On l'affine beaucoup plus pour la filature à la mécanique que pour celle à la main; il s'ensuit une plus grande réduction. D'un kilog. il ne reste ordinairement, lorsqu'on veut en faire du fil N°. 24,000, que 700 grammes; mais alors les 270 grammes d'étoupes sont bien plus belles, bien plus recherchées, et par conséquent d'une plus grande valeur : elles valent ordinairement 60 c. le kil.

Une fois le lin peigné, on en forme de petites poignées, que l'on tord un peu pour empêcher qu'en les rangeant elles ne se mélangent. Ces poignées sont serrées dans des caisses de bois blanc garnies en dedans de gros papier gris.

Pour la filature, on soumet le lin à un métier dit de première préparation, qui en fait de gros rubans. Il est mouillé ou non, selon le système des mécaniciens : généralement les préparations à frais donnent un plus beau résultat; elles s'exécutent ainsi dans le système de M. *Lasgorseiz*, d'après lequel nous raisonnerons.

---

(1) A l'égard du peignage à la mécanique, nous pensons qu'il ne pourra jamais s'exécuter avec avantage, parce que le surcroît de déchet qui en résulterait nécessairement, quelque minime qu'il puisse être, occasionerait une perte infiniment plus forte que l'économie que l'on obtiendrait sur la main - d'œuvre; nous partageons sur ce point l'opinion de M. *Marcellin Véillart*, et nous disons avec lui : « Le lin et le chanvre n'ont pas besoin seulement d'être peignés comme » le coton, il faut diviser la teille en parties fines et déliées, il faut faire » ces filamens qui sont tout formés dans le coton. Cette opération demande beaucoup de ménagemens; les mouvemens de la main et du » lin sur le peigne ou séran doivent être conduits par une intelligence qui est dirigée elle-même par le sentiment de l'ouvrier : quelquefois il lève la poignée de dessus le séran, l'ouvre et la divise, » quelquefois il la passe et repasse vivement. Une mécanique dont le » mouvement serait uniforme pour un grand nombre de poignées » conduirait les unes trop vite, les autres trop lentement : il en résulterait sans doute de fort belle filasse, mais la quantité pourrait en » être infiniment moindre que celle que l'on obtient par le peignage à » la main. »

De là le lin passe à un métier dit de seconde préparation, qui en fait des rubans beaucoup plus petits; puis il arrive aux métiers fileurs. . . . . . . . . . . .

Après la filature, on fait deux dévidages successifs; les ouvrières qui les exécutent cassent les grosseurs qui existent dans le fil, et le rattachent. Ce fil, ayant été fort mouillé, est très raide; pour le rendre souple, on le dégorge dans de l'eau tiède où se trouve un peu de savon vert.

Un assortiment est composé de deux métiers de première préparation, deux de seconde, dix métiers fileurs, et quatre dévidoirs. Il coûte 22,000 fr. avec bâtis en bois.

Les métiers fileurs comportent quarante-huit broches : bien conduits, ils donnent en douze heures de travail chacun 3 kilog. et demi de fil, mesurant 24,000 mètres au kilog. Ce fil vaut 3 fr. 50 c. le kilog. Il se fait, au travail, un déchet de 12 pour 100 (M. *Lasgorseiz* garantit ordinairement que le déchet n'excédera pas 10 pour 100).

La dépense journalière, et la mise dehors d'une usine comportant deux assortimens, située dans un village où la main-d'œuvre est à bas prix, et mue par l'eau, peuvent être évaluées de la manière suivante :

*Dépense journalière.*

§ Ier. — Matière première.

Vingt métiers fileurs donneraient chaque jour 70 kilog. de fil de 24,000 mètres, à raison de 3 kilog. et demi chacun. On emploierait alors 79 kilog. 500 gr. de lin peigné, qui exigeraient eux-mêmes 113 kilog. 580 gr. de filasse. L'acquisition de cette filasse, à raison de 1 fr. 25 c. le kilog., reviendrait à. . . . . . . . . . . 142

| | | |
|---|---|---|
| Commission et frais de transport. . . . . . | 7 | 10 |
| Total. . . . . . . . . . . | 149 | 10 |
| Mais comme on retirerait des étoupes, . . . | 18 | 36 |
| Nous ne porterons en compte que (*à reporter*). | 130 | 74 |

| | | |
|---|---|---|
| *Report.* | | 130 74 |

§ II. — Main-d'œuvre.

| | | |
|---|---|---|
| Peignage | 8 | |
| Préparation première : huit ouvrières à 70 c. l'une, et quatre enfans à 50 c. | 7 60 | |
| Seconde préparation : quatre ouvrières et quatre enfans | 4 80 | |
| Métiers fileurs : vingt ouvrières | 14 | |
| Premier dévidage : six ouvrières | 4 20 | |
| Double dévidage : deux ouvrières | 1 40 | |
| Pesage, tondage, dégorgeage, séchage et empaquetage : six ouvrières | 4 20 | |
| Total (1) | 44 20 | 44 20 |

§ III. — Frais généraux.

| | | |
|---|---|---|
| Contre-maître mécanicien | 10 | |
| Portier | 1 65 | |
| Un homme de peine | 1 45 | |
| Éclairage : il ne dure qu'une partie de l'année | 6 | |
| Chauffage, idem | 6 | |
| Entretien et détérioration des machines et accessoires | 12 | |
| Total | 37 10 | 37 10 |
| Total général | | 212 04 |

*Mise dehors.*

| | |
|---|---|
| Acquisition des assortimens | 44,000 |
| Un bâtiment à deux étages, de 80 pieds sur 30 | 24,000 |
| Moteur hydraulique de la force de cinq chevaux (2) | 20,000 |
| Engrenages, mouvemens, arbre de couche et accessoires | 6,000 |
| Avances de fabrication | 56,000 |
| Total | 150,000 |

(1) Ces 44 fr. 20 cent., répartis sur les 70 kilog. de fil, donnent pour chaque kilog. 63 cent. On a vu que, dans la filature à la main, la main-d'œuvre revenait à 2 fr. 15 cent par kilog.

(2) La force de 4 chevaux suffirait.

Le résultat qu'obtient le filateur peut alors être ainsi établi :

| | | |
|---|---|---|
| Il fait chaque jour 70 kilog. de fil de 24,000 mètres, qui lui produisent, à raison de 3 fr. 65 c. l'un | | 255 50 |
| Il ne dépense que. . . . . . . . . . . . . . . | | 212 04 |
| Il lui reste par conséquent un bénéfice brut de. . . . . . . . . . . . . . . . . . . . . | | 43 46 |
| Ce bénéfice, multiplié par les 300 jours ouvrables de l'année, donne un résultat de | | 13,038 |
| A DÉDUIRE : | | |
| Intérêts de la mise dehors. . . . | 7,500 | |
| Frais de maison. . . . . . . . . . | 3,000 | |
| Démarches et droits de commission pour le placement des fils.. . . | 2,538 | |
| Total. . . . . . . . . . . . . | 13,038 | 13,038 |
| Bénéfice. . . . . . . . . . . . . . . . . . . | | 00,000 |

Le fil à la mécanique est plus serré que le fil à la main, c'est à dire qu'il contient plus de matière : à finesse égale, il donne moins de toile au kilog. ; à longueur égale, il donne une plus belle toile. Le déchet qui existe sous le rapport de la matière première se trouve ainsi compensé par une supériorité dans la qualité du produit.

L'observateur qui se borne à mettre en parallèle le coût de la main-d'œuvre des deux modes de filature doit penser que la filature à la mécanique offre des avantages considérables. En effet, il existe, à cet égard, une bien grande différence : pour le fil de 24,000 mètres, elle revient d'un côté à 2 fr. 15 c., tandis que de l'autre elle ne s'élève qu'à 63 c.

Mais si, séduit par cette idée, il monte un établissement, il ne tarde point à se détromper : l'expérience lui montre que le surcroît de déchet subi par la matière première au peignage, le déchet qu'elle éprouve à la filature, et l'intérêt de la mise dehors, tout ceci balance presque entièrement la différence de la main-d'œuvre; et pour qu'il puisse maintenir son atelier en activité, il faut qu'il connaisse assez le lin pour ne point être dupe de l'infidélité des commissionnaires, que l'établissement réunisse les conditions dont nous avons parlé plus haut, qu'il le conduise convenablement, et qu'il ait assez de surveillance pour rendre impossible toute soustraction de lin et de fil : sans cela, il engloutirait infailliblement, et en très peu de temps, la majeure partie de sa mise. C'est ce que nous allons démontrer.

L'établissement ci-dessus ne présentant aucun bénéfice, celui situé dans une ville, où le prix de la main-d'œuvre serait 50 pour 100 plus élevé, mu par la vapeur, et dirigé par une personne qui serait obligée de s'en rapporter aux commissionnaires pour le prix du lin, occasionerait nécessairement une perte. Cette perte peut être établie de la manière suivante :

| | |
|---|---|
| Surcroît de main-d'œuvre. . . . . . . . . . | 22 |
| *Idem* de frais généraux. . . . . . . . . . . | 10 |
| *Idem* du prix de la matière première. . . . . . | 14 |
| Charbon. . . . . . . . . . . . . . . . . . | 12 |
| Total. . . . . . . . . . . . . . . . . . | 58 |

La perte du filateur serait bien plus importante encore s'il ne dirigeait point convenablement et s'il n'était point assez surveillant pour empêcher toute soustraction de fil et de lin.

### *Du tissage.*

Le tisserand fait bobiner et tramer son fil; il ourdit, prépare la chaîne, monte sur le métier et travaille avec la navette.

La quantité de fils que l'on fait entrer dans la largeur de la toile augmente avec la finesse. Cette quantité se divise en comptes; chaque compte se compose de 50 fils. Le tisserand ne calcule point à cet égard comme le mulquinier ni comme le tisseur en coton.

On suppose toujours, dans l'énonciation des comptes, que la toile porte une aune de largeur : lorsqu'elle est plus étroite, elle ne contient point le nombre de fils qu'exprime le chiffre des comptes dont on la dit composée, mais seulement un nombre proportionné à la largeur, de sorte que la chaîne d'une toile en douze comptes de $\frac{2}{3}$ de largeur, au lieu d'être formée de 600 fils, n'en comporte effectivement que les $\frac{2}{3}$, c'est à dire 400.

Un fil à la mécanique mesurant 5,000 mètres au kilogramme se met en douze comptes, et on ajoute un compte par chaque augmentation de 834 mètres de longueur.

Plus le fil est fin, plus il donne de toile et plus aussi le tissu a de valeur ; il y a par compte un surcroît dans le produit d'un neuvième d'aune et une plus-value d'un trentième.

Le tableau de l'autre part indiquera, d'après les proportions que nous venons d'établir, dans quel nombre de comptes on doit mettre le fil à la mécanique, depuis le N°. 5,000 mètres au kilogramme jusqu'au N°. 30,000 mètres ; la quantité de toile qu'on doit en obtenir, et la valeur de la toile dans les mains du tisserand : le tout calculé dans la supposition que le travail est exécuté de la manière la plus convenable.

| FINESSE DU FIL. — Nombre de mètres au kilogramme. | NOMBRE DE COMPTES. — Addition d'un nombre par augmentation de 834 mètres sur la longueur du fil. | QUANTITÉ DE TOILE DE 2/3. — Augmentation d'un neuvième d'aune par nombre. | VALEUR DE LA TOILE 2/3. — Prix de l'aune, augmentation d'un trentième par compte. | |
|---|---|---|---|---|
| 5,000 | 12 | 2 » | » fr. 800 | |
| 5,834 | 13 | 2 1/9 | » 827 | 27 |
| 6,668 | 14 | 2 2/9 | » 854 | 27 |
| 7,502 | 15 | 2 3/9 | » 882 | 28 |
| 8,336 | 16 | 2 4/9 | » 911 | 29 |
| 9,170 | 17 | 2 5/9 | » 941 | 30 |
| 10,004 | 18 | 2 6/9 | » 972 | 31 |
| 10,838 | 19 | 2 7/9 | 1 004 | 32 |
| 11,672 | 20 | 2 8/9 | 1 037 | 33 |
| 12,506 | 21 | 3 » | 1 071 | 34 |
| 13,340 | 22 | 3 1/9 | 1 107 | 36 |
| 14,174 | 23 | 3 2/9 | 1 144 | 37 |
| 15,008 | 24 | 3 3/9 | 1 182 | 38 |
| 15,842 | 25 | 3 4/9 | 1 221 | 39 |
| 16,676 | 26 | 3 5/9 | 1 262 | 41 |
| 17,510 | 27 | 3 6/9 | 1 304 | 42 |
| 18,344 | 28 | 3 7/9 | 1 347 | 43 |
| 19,178 | 29 | 3 8/9 | 1 392 | 45 |
| 20,012 | 30 | 4 » | 1 438 | 46 |
| 20,846 | 31 | 4 1/9 | 1 486 | 48 |
| 21,680 | 32 | 4 2/9 | 1 535 | 49 |
| 22,514 | 33 | 4 3/9 | 1 586 | 51 |
| 23,348 | 34 | 4 4/9 | 1 639 | 53 |
| 24,182 | 35 | 4 5/9 | 1 693 | 54 |
| 25,016 | 36 | 4 6/9 | 1 750 | 57 |
| 25,850 | 37 | 4 7/9 | 1 808 | 58 |
| 26,684 | 38 | 4 8/9 | 1 868 | 60 |
| 27,518 | 39 | 5 » | 1 930 | 62 |
| 28,352 | 40 | 5 1/9 | 1 994 | 64 |
| 29,186 | 41 | 5 2/9 | 2 060 | 66 |
| 30,020 | 42 | 5 3/9 | 2 129 | 69 |

Chaque pièce de toile contient de 40 à 50 aunes.

Le maître tisserand paie ordinairement ses ouvriers tisseurs à l'aune. Il leur donne 55 c. pour une toile en 35 comptes de $\frac{2}{3}$ de largeur, ils en font chacun 2 aunes $\frac{1}{4}$ par jour ; ce qui produit un salaire de 1 fr. 25 c.

Celui qui emploie dix ouvriers fabrique alors journellement 22 aunes $\frac{1}{2}$ de toile du nombre de comptes et de la largeur que je viens d'indiquer. Son compte de recette et dépense s'établit de la manière suivante :

*Recette.*

| | | |
|---|---|---|
| Il vend sa toile à 1 f. 70 c. l'aune et retire conséquemment des 22 aunes $\frac{1}{2}$. | | 38 25 |

*Dépense.*

| | | |
|---|---|---|
| Les 22 aunes $\frac{1}{2}$ de toile exigent 4 kilog. 940 gram. de fil d'une valeur de 18 fr., à raison de 3 fr. 65 c. le kilogr. | 18 | |
| Façon aux ouvriers. . . . . . . . | 12 38 | |
| Bobinage, ourdissage et trémage. . | 4 50 | |
| Entretien des métiers et outils, location d'emplacement. . . . . . . . . | 1 10 | |
| Démarches et faux frais pour l'acquisition du fil et la vente de la toile. | 37 | |
| Total. . . . . . . . | 36 35 ci | 36 35 |
| Bénéfice brut par jour. | | 1 90 |

| | | |
|---|---|---|
| En multipliant ce bénéfice par 300, nombre des jours ouvrables de l'année, on trouve un résultat de. . . . . . . . . . . . . . . . . . | | 570 |

A DÉDUIRE :

| | | |
|---|---|---|
| Intérêts des avances, qui doivent s'élever au moins à 1,500 fr., ci. . . . | 75 | |
| Frais de maison. . . . . . . . . . . | 495 | |
| Total. . . . . . . . . . | 570 ci | 570 |
| Bénéfice net. . . . . . | | 000 |

*Du commissionnaire en toiles.*

Le commissionnaire va chez les tisserands et suit les marchés; il achète et expédie aux marchands en gros. Un droit de 3 pour 100 lui est accordé sur ses avances lorsqu'elles lui sont remboursées immédiatement. Celui qui fait annuellement pour 100,000 fr. d'affaires retire à cet égard 3,000 fr.

| | | |
|---|---|---|
| Mais il dépense en démarches et faux frais. . . . . . . . . . . . | 600 | |
| Pour frais d'emballage. . . . . | 1,000 | |
| Ensemble. . . . . . | 1,600 | ci 1,600 |
| Il ne lui reste donc en bénéfice brut que. . . . . . . . . . . . . . . | | 1,400 |
| **A DÉDUIRE :** | | |
| Intérêts des avances. . . . . . . . | 400 | |
| Frais de maison. . . . . . . . . . | 1,000 | |
| Ensemble. . . . . . | 1,400 | ci 1,400 |
| Bénéfice net. . . . . | | 0,000 |

Dans le tribut que le commissionnaire retire de son entremise, nous faisons entrer l'évaluation de la remise que les tisserands sont dans l'usage de lui faire sur l'aunage, remise que nous avons aussi prise en considération en déterminant le prix de la toile.

*Du marchand de toile en gros.*

Les marchands en gros emmagasinent les toiles qui leur sont expédiées par les commissionnaires. Ils les font blanchir, puis ils vendent aux marchands en détail sédentaires et forains, avec lesquels ils traitent quelquefois directement, mais le plus souvent par l'entremise de commis voyageurs.

Comme le blanchîment exige beaucoup de temps et qu'on ne peut y travailler pendant l'hiver, comme d'un autre côté il faut attendre la vente ; ils ne livrent leurs toiles au commerce, toutes compensations faites pour le temps, que six mois après les avoir reçues. Ils vendent à trois mois de terme. Ce délai expiré, ils sont souvent réglés en effets de commerce à quatre-vingt-dix jours et quelquefois à plus longues échéances, de sorte qu'ils seraient plus d'une année pour rentrer dans leurs avances, s'ils ne mettaient point en circulation les effets qu'ils reçoivent, ou ne tiraient point à vue sur leurs cliens.

Nous allons établir leur compte de recette et dépense par aune de toile, en prenant pour base un tissu en 30 comptes de $\frac{2}{3}$ de largeur.

Ils vendent cette toile. . . . . . . . . . . 2 05

*Dépense.*

| | | |
|---|---|---|
| 1°. Acquisition. . . . . . . . . . | 1 450 | |
| 2°. Commission. . . . . . . . . . | 0 044 | |
| 3°. Transport de la demeure du commissionnaire au magasin : communément. . . . . . . . . . | 0 010 | |
| 4°. Déballage. . . . . . . . . . | 0 005 | |
| 5°. Comptabilité d'achat. . . . | 0 011 | |
| 6°. Blanchiment : blanc de ménage. . . . . . . . . . | 0 200 | |
| 7°. Frais de voyage. . . . . . . | 0 050 | |
| 8°. Comptabilité de vente. . . . | 0 020 | |
| 9°. Emballage. . . . . . . . . . | 0 010 | |
| 10°. Pertes à essuyer par suite de faillites. . . . . . . . . . | 0 050 | |
| Total. . . . . . . . | 1 850 ci | 1 85 |
| Différence. . . . . | | 0 20 |

Cette différence représentant, à peu de chose près, 10 pour 100 de la valeur de la toile vendue par les marchands en gros, donne à celui qui fait annuellement pour

400,000 francs d'affaires un résultat de. . 40,000

A DÉDUIRE :

Intérêts des avances et escomptes. 20,000
Frais de maison. . . . . . . . . 10,000
Total. . . . . . . . 30,000 ci 30,000
Bénéfice net. . . . 10,000

*Blanchisseur.*

Le blanchisseur va chercher et reconduit les toiles chez les marchands en gros et les particuliers.

La première opération du blanchîment consiste à assortir les toiles en rapport de leur finesse et des nuances de couleurs. L'assortiment opéré, on les fait macérer dans de l'eau de rivière tiède pour les dégorger; puis on les lave plusieurs fois en pleine eau avec les mains et au besoin avec les pieds, on les retord au crochet ou on les plie en feuillets. Le lavage s'effectue avec machines dans certains établissemens.

La macération et le lavage achevés, on passe les toiles au pré et on les arrose fréquemment; on les retire de dessus le pré pour les lessiver. Après quinze ou seize heures de lessivage, on les reporte sur le pré et on procède ainsi successivement tant que la toile n'a pas atteint le degré de blancheur voulu. Ces manœuvres alternatives durent quinze jours à trois semaines.

Lorsque les toiles ont assez de lessive, on les savonne et on les passe au bleu. Enfin on les porte au séchoir, et c'est ainsi que se terminent les travaux du blanchîment pour le blanc dit de ménage.

On donne au blanchisseur pour le blanc de ménage. . . . . . . . . . . . . . . . . . . . . 0 200

Dans les endroits où la main-d'œuvre est à bas prix, le blanchîment d'une aune de toile revient au blanchisseur, compris le transport pour l'aller chercher et la reconduire, la comptabilité, l'intérêt de la mise dehors et les frais de maison, à. . . . . . . . . . . . . . . . . . 0 125

Bénéfice net par aune. . . 0 075

Nous croyons inutile de parler du marchand de toile au détail. Là se borne alors l'histoire du lin.

*Difficultés que présente la culture du lin en grand, et moyens de les surmonter.*

La culture du lin dans les terrains qui lui conviennent est sans contredit des plus lucratives; mais elle diffère de celle des autres plantes en ce que la sécheresse fait souvent manquer la récolte en tout ou en partie. Sans cet inconvénient qui les décourage, les cultivateurs s'y attacheraient davantage; cependant ils n'y donneraient peut-être point encore tous les soins désirables, car il en est qui ne tiennent point à un surcroît de produit quand on ne peut l'obtenir qu'avec plus de peine et surtout qu'avec des dépenses beaucoup plus fortes. Si dans le nord on ne néglige rien pour obtenir de belles récoltes de lin, c'est qu'il est en quelque sorte l'objet principal des exploitations. Chez nous, il n'en est que l'accessoire, et d'ailleurs l'espèce de lin que nous cultivons ne nous permet point de faire les mêmes sacrifices que ceux que nos voisins s'imposent pour leurs lins ramés.

Comme le succès du lin dépend souvent d'une seule pluie, nous nous sommes souvent demandé, et nous nous demandons encore, s'il ne serait point possible de remédier à la sécheresse en arrosant une fois, deux fois même au besoin.

La France renferme bien des terrains où l'arrosement ne serait point très dispendieux. Quelques personnes ont eu recours à cette mesure et s'en sont bien trouvées. Il ne faut point se dissimuler pourtant qu'elle absorbe presque tous les bénéfices : si parfois on évite des pertes, il arrive aussi qu'elle est suivie d'une pluie, et alors la dépense qu'elle occasione demeure sans résultat; de là compensation.

Si on pouvait joindre le teillage du lin à sa culture, nous pourrions faire de l'un et de l'autre l'objet d'une grande et belle spéculation. Nous cultiverions en grand,

3.

nous mettrions tout en usage pour obtenir d'abondantes récoltes; bonne culture, engrais, arrosement, rien ne serait négligé; et, dans les années où en elle-même la culture ne produirait que de faibles avantages, les bénéfices de l'exploitation nous dédommageraient largement de nos peines.

Mais les difficultés que présente le rouissage en grand s'opposent à cette réunion : nous les avons signalées (1), il ne nous reste qu'à examiner si on ne pourrait les vaincre.

Il nous semble que le tissage nous en offrirait le moyen, et que rien ne s'opposerait à ce que les ouvrières employées au bobinage et au trémage fussent en même temps chargées des opérations du rouissage. Ces divers travaux peuvent en effet se concilier; car si les uns ne peuvent être continus, il n'est point indispensable que les autres le soient. Si le rouissage ne peut s'exécuter qu'à certains momens, il n'en est point de même du bobinage et du trémage. Le temps qu'il est impossible d'employer d'une part peut être utilisé de l'autre côté : peu importe le moment où le fil est bobiné, et qu'il le soit deux ou trois jours à l'avance. Une fois que l'on subvient au tissage, voilà tout ce qu'il faut.

Pour profiter de ces avantages, il serait indispensable de filer le lin à la mécanique.

Ainsi la culture du lin, qui n'est point praticable en grand dans l'état actuel des choses, le deviendrait en y joignant le teillage, la filature et le tissage.

Mais ne dira-t-on pas que cette réunion est impossible et qu'on ne peut être à la fois cultivateur et filateur? Nous espérons que quelques observations suffiront pour détruire cette objection.

D'abord n'avons-nous point déjà des agronomes qui à cette profession joignent celle de fabricant de sucre, de raffineur, de distillateur, de féculiste, de fabricant de café indigène, etc., etc., etc.; et si une personne di-

(1) Voir le paragraphe intitulé : *du linier exploitant*, page 14.

rige convenablement les divers travaux qu'exigent la culture de la betterave, la fabrication et le raffinage du sucre, pourquoi une autre personne ne pourrait-elle point diriger avec autant de succès la culture, le rouissage, le teillage et la filature du lin ?

D'un autre côté, si un cultivateur ne peut devenir filateur comme il deviendrait fabricant de sucre, le filateur s'adonnera du moins tout aussi facilement à la culture du lin que le chimiste à la culture de la betterave pour alimenter sa sucrerie.

Au reste, on leverait tous les obstacles en formant pour cette branche d'industrie agricole une ferme-modèle où les personnes qui désireraient l'exploiter iraient puiser les connaissances dont elles auraient besoin.

Et d'ailleurs la filature du lin doit être l'accessoire et l'accessoire inséparable de la culture : seule elle ne donnera jamais de bons résultats. En effet, si la filature présentait aujourd'hui de grands avantages, que s'ensuivrait-il ? les établissemens qui l'exploitent ne tarderaient point à se multiplier. La concurrence qui s'établirait alors pour l'acquisition de la matière première occasionerait nécessairement une augmentation de prix, et les bénéfices que la filature produirait éprouveraient des diminutions successives. Tous les perfectionnemens, quelle qu'en soit l'importance, tourneraient ainsi au profit du linier et du cultivateur.

Lors même que l'on pourrait cultiver le lin en grand sans s'occuper de la filature, le cultivateur aurait toujours un grand intérêt à faire filer et tisser ; il vendrait sa toile bien plus facilement que le lin, et comme filateur il n'aurait point d'avances ni de démarches à faire pour la matière première, de commission ni de transport à payer ; il serait de plus à l'abri de l'infidélité des commissionnaires.

La filature serait donc un moyen de débit, et sous ce rapport elle serait avantageuse au cultivateur, quand même elle causerait la ruine de tous les autres.

Nous avons en France des contrées de terres planes

qui conviendraient à la culture du lin : telles sont les prairies sablonneuses du Laonnais; et peut-être en serait-il de même d'une forte partie de ces landes qui tiennent chez nous une trop large place et accusent si hautement notre agriculture; ce qui s'est passé sous nos yeux autorise du moins à le croire, car, ainsi que nous l'avons déjà observé, nous avions aussi des bruyères dans le département de l'Aisne. Leur mise en culture exigeait de fortes dépenses qui n'auraient pu être couvertes par les plantes fourragères, ni même par les céréales. On les a faites pour le lin, on les a retrouvées; on a en outre obtenu un bénéfice important, et ce qui mérite encore le plus de considération, c'est que des plaines entières, ces plaines-là même qui n'étaient couvertes, il y a vingt ans, que de ronces et de genêts, font aujourd'hui la gloire et la richesse du pays. En quoi différaient-elles donc des landes?

Eh bien! choisissons celle de ces contrées que nous croirons la plus favorable, louons-y une chute d'eau; formons à l'entour une exploitation de 400 arpens de terre et 30 fauchées de pré; élevons les constructions nécessaires, tout cela dans la vue de nous livrer à la culture et principalement à la culture du lin, de le faire rouir, teiller et filer, d'entreprendre la confection des toiles, et voyons comment nous procéderons, quelle dépense nous ferons en constructions, en ustensiles aratoires, en machines, en main-d'œuvre, etc. Voyons enfin quel résultat nous obtiendrons.

*Du mode à suivre dans les travaux.*

Nous avons dit que dans plusieurs endroits on suivait avec succès, depuis vingt ans environ, un assolement triennal de chanvre, lin et blé. Cet assolement serait certes le plus productif; mais il n'est praticable qu'autant que l'on est à même de tirer des engrais du dehors. On ne peut alors le prendre pour base. Il faudrait en adopter un quatriennal de lin, blé, trèfle et menus grains.

La partie de l'exploitation à ensemencer en lin serait

défoncée à la bêche, ou avec une charrue perfectionnée, aussitôt l'enlèvement des menus grains, fumée immédiatement et versée en novembre ou dans les premiers jours de décembre. L'ensemencement aurait lieu au commencement du printemps sur deux cultures à l'extirpateur-herse, les hersages et roulages convenables. Pour obtenir une plus belle soie, on mettrait un hectolitre $\frac{3}{4}$ de graine par arpent au lieu de $\frac{5}{4}$ d'hectolitre. Quand la sécheresse contrarierait, on arroserait : des machines hydrauliques alimentées par des conduits, lanceraient l'eau sur le terrain : on ferait en sorte qu'elle tombât divisée comme la pluie. Cette opération, impraticable pour la culture en petit, s'exécuterait facilement en grand, et, bien dirigée, elle ne serait point dispendieuse. Elle assurerait une belle récolte là où il n'y en aurait eu qu'une médiocre et même aux endroits qui n'auraient rien donné. En augmentant ainsi les probabilités, il s'ensuivrait un surcroît de produit que sans exagération on peut évaluer à un quart. D'un autre côté et par suite tant de la beauté de la tige que de la plus grande quantité de graine employée à l'ensemencement, la qualité de la soie serait supérieure. On en obtiendrait alors un fil plus fin et la finesse moyenne pourrait être au moins de 30,000 mètres au kilog. au lieu de 24,000 mètres : différence $\frac{1}{4}$.

Afin de faciliter l'arrosement, on pratiquerait des fossés autour de la propriété. C'est dans ces fossés que l'eau serait puisée ; elle serait fournie par le courant qui servirait de moteur, et au besoin par des puits forés ou des moulins flamands. Dans certaines localités l'arrosement pourrait s'effectuer par irrigation, alors il serait d'une exécution bien facile et ne coûterait presque rien.

Pour le blé et les menus grains on ne donnerait qu'une culture ordinaire. Le défoncement qui n'aurait lieu que pour le lin enfouirait la terre qui en aurait porté. Alors et à partir de la seconde récolte il ramenerait constamment une terre qui n'en aurait point produit depuis huit années. De ce mode de procéder devrait résulter un heureux effet dont le blé et les menus grains profiteraient comme le lin.

La partie en trèfle serait parquée aussitôt l'enlèvement de la dernière coupe, de sorte que la terre, renouvelée tous les quatre ans, recevrait, pendant chacune de ces périodes, une forte fumure et un parcage.

Autant que possible, la distribution des lieux serait telle que, pour le rouissage, le lin en tige serait mis en barque dans l'établissement même et conduit ainsi aux routoirs. D'un autre côté, ces routoirs seraient disposés de manière que l'essuiement et le blanchîment du lin exigeraient le moins de main-d'œuvre possible, et, sous ces deux rapports, on aurait de très grands avantages sur les liniers exploitans, car on économiserait une forte partie de la main-d'œuvre.

Ce n'est pas tout, on aurait à profiter d'une autre circonstance d'une bien plus grande importance. Voici en quoi elle consisterait : la redevance des prés sur lesquels se ferait le blanchîment serait en rapport avec le produit qu'on pourrait en tirer, et, en supposant que la récolte en foin ne donnât aucun bénéfice, par suite du dommage qu'occasionerait la tente du lin, elle indemniserait du moins de la location sur laquelle les liniers exploitans perdent plus de 80 francs par chaque fauchée de pré.

L'été, les bobineuses et les trémeuses seraient chargées des travaux du rouissage; il faudrait alors en avoir un plus grand nombre. L'augmentation serait en rapport avec le temps à consacrer à l'essuiement et au blanchîment. Il n'y aurait aucun inconvénient à avoir quelques ouvrières en plus du nombre strictement nécessaire, car l'avance qui s'ensuivrait nécessairement pour le bobinage, loin d'être préjudiciable, serait au contraire une mesure de précaution.

La filature exigeant un travail continu, les ouvrières qui y seraient employées y consacreraient tout leur temps.

Cependant, dans un moment de presse, on les aurait à

sa disposition : elles se joindraient aux bobineuses et trémeuses pour relever le lin. On serait ainsi à l'abri des pertes que les liniers exploitans font en pareilles circonstances, faute de pouvoir réunir tous les bras nécessaires pour opérer aussi promptement que le temps l'exige. Et voilà encore un nouvel avantage : il mérite une grande considération.

D'après les probabilités ci-devant établies, un arpent de terre donne, année commune. 332 kilog. de filasse, ci. . . . . . . . . . . . . . . . 332 k.

¼ à obtenir en sus par suite de l'arrosement. . . . . . . . . . . . . . . . . . . . . . 83

Chaque arpent de terre de l'établissement ensemencé en lin produirait donc. . 415 k.

Alors les 100 arpens donneraient ensemble. . . . . . . . . . . . . . . . . . . . . . 41,500

Outre la filasse, on récolterait 400 hectolitres de graine.

En peignant les 41,500 kilog. de filasse, on les réduirait à 29,050 kilog., ce qui laisse 11,205 kilog. d'étoupes et 1,245 d'évaporation et poussière. A cause de la finesse du lin, les étoupes vaudraient 70 c. le kilog. au lieu de 60 c.

Avec 29,050 kilog. de lin peigné, on ferait 25,564 kilog. de fil N°. 30, c'est à dire de 30,000 mètres au kilog.; déchet de filature, 3,489 kilog. ou 12 pour 100.

Si, en établissant plus haut le compte du filateur, nous avons porté le même déchet de 12 pour 100 pour un fil N°. 24, c'est parce que la filasse ne valait qu'un franc 25 c. le kilog. Ici, elle serait d'une qualité supérieure et ne donnerait au plus qu'un déchet de 8 à 10 pour 100 en l'employant pour le 24,000 mètres.

En divisant par 300 les 25,564 kilog. de fil à faire annuellement, on trouve pour chaque jour de travail 85 kilog. 219 grammes.

Un métier fileur ne peut faire par jour que 2 kilog. ½ de fil N°. 30 : alors pour en fabriquer journellement

85 kilog. il faudrait qu'il y eût toujours au moins trente-quatre métiers fileurs en activité.

Six métiers de première préparation et six de seconde subviendraient au travail de trente-quatre métiers filant le N°. 30 presque aussi facilement qu'au travail de trente métiers employés pour le N°. 24 seulement.

A la mise dehors ci-après établie, nous porterons néanmoins le coût de trois assortimens et demi complets de machines à filer, parce qu'il convient de pouvoir remplacer les métiers en réparation.

On a vu plus haut que la main-d'œuvre de filature revenait à 63 c. pour le fil N°. 24, nous la porterons à 80 c. pour le N°. 30.

Les 25,564 kilog. de fil N°. 30 se mettraient en 42 comptes (1) : ils donneraient, à raison de 5 aunes $\frac{3}{5}$ l'un, 136,341 aunes de toiles : le bobinage, l'ourdissage, le trémage, la confection, le tout exécuté en atelier, et l'entretien des métiers et outils reviendraient à 1 fr. par aune.

MISE DEHORS,

*Ou dépenses et avances que nécessiterait l'établissement.*

| | | |
|---|---|---|
| Constructions nouvelles... | Bâtimens de ferme.. | 15,000 |
| | Filature et tissage.. | 35,000 |
| (*Une maison et divers bâtimens dépendraient nécessairement de la chute d'eau.*) | | |
| Ustensiles aratoires, chevaux, bestiaux, troupeau, etc. . . . . . . . . . . . . . . . | | 30,000 |
| Routoirs, fossés à pratiquer autour de la propriété, puits artésiens, machines à arroser et conduits. . . . . . . . . . . . . . . | | 15,000 |
| Trois assortimens et demi de machines à filer et accessoires.. . . . . . . . . . . . . . | | 100,000 |
| Métiers de tisserands et accessoires. . . | | 15,000 |
| Avances de culture et de fabrication.. . | | 90,000 |
| Total. . . . . . . | | 300,000 |

(1) Voir le tableau à l'article *tissage*, pag. 30.

## DU RÉSULTAT A OBTENIR.

### *Recette.*

| | |
|---|---|
| Les 136,341 aunes de toiles que l'on fabriquerait annuellement vaudraient, à raison de 2 fr. 10 c. l'une. . . . . . . . . | 286,316 10 |
| Droit de commission dont on devrait essentiellement profiter. . . . . . . . . . . | 8,589 48 |
| Graine. . . . . . . . . . . . . . . . . . . | 6,000 00 |
| Étoupes. . . . . . . . . . . . . . . . . . | 7,843 50 |
| Total. . . . . . . . . . . | 308,749 08 |

Le produit des 300 arpens de l'établissement, semés de blé, trèfle et menus grains, excéderait nécessairement la dépense de culture et d'ensemencemens. Je ne porterai le bénéfice qu'il laisserait qu'à 3,000 fr. ; il ne formerait que la part contributive de ces 300 arpens dans les frais de maison.

### DÉPENSE.

| | | | |
|---|---|---|---|
| Locations et impôts. | Des 100 arpens de terre en lin. . . . | 2,500 00 | |
| | Des trente faux de pré. . . . . . . | 900 00 | |
| | De la chute d'eau. | 600 00 | |
| Engrais : les $\frac{3}{8}$ de l'engrais renouvelé tous les quatre ans. | | 5,000 | |
| Défoncement, labour, cultures à l'extirpateur, hersages et roulages. . . . . . . . . . . | | 4,000 00 | |
| Graine et semage. . . . . . | | 5,300 00 | |
| Etaupinage. . . . . . . . | | 250 00 | |
| Sarclage. . . . . . . . . . . | | 700 00 | |
| Arrosement éventuel : année commune. . . . . . . . . | | 2,000 00 | |
| *A reporter.* . . | | 21,250 00 | 308,749 08 |

| | | |
|---|---|---|
| *Report*. . . . | 21,250 00 | 308,749 08 |
| Prime d'assurance contre la grêle et contre l'incendie. . . . | 1,000 00 | |
| Arrachement et travaux accessoires. . . . . . . . . . . | 2,000 00 | |
| Mise en ormes et bottelage. | 500 00 | |
| Rouissage, essuiement, etc. | 1,900 00 | |
| Teillage. . . . . . . . . . . | 2,740 00 | |
| Peignage.. . . . . . . . . | 10,000 00 | |
| Main-d'œuvre pour filature. . . . . . . . . . . . . | 20,451 00 | |
| Tissage. . . . . . . . . . | 136,341 00 | |
| Emballage.. . . . . . . . | 3,096 00 | |
| Eclairage et chauffage des ateliers (1). . . . . . . . . . | 8,000 00 | |
| Entretien des bâtimens et des machines à filer et accessoires. . . . . . . . . . . . | 7,000 00 | |
| Un contre-maître pour la culture, le rouissage et le teillage du lin. . . . . . . . | 1,200 00 | |
| Un autre pour la filature. . | 1,500 00 | |
| Un mécanicien.. . . . . . . | 1,800 00 | |
| Un contre-maître pour la fabrication des toiles. . . . . | 1,500 00 | |
| Un chef de comptabilité (2). | 2,000 00 | |
| Un portier. . . . . . . . | 600 00 | |
| Un homme de peine. . . . | 500 00 | |
| Dépense imprévue. . . . | 3,371 08 | |
| Total. . . . . . . . . | 226,749 08 | 226,749 08 |
| Bénéfice brut. . . . . . . . . . . . | | 82,000 00 |

(1) Il est probable que l'on pourrait se servir de la chenevotte pour le chauffage, elle y subviendrait facilement : de là une économie de plus de 4,000 fr.

(2) Il ne serait sans doute point indispensable.

| | | |
|---|---|---|
| *Report*, Bénéfice brut. . . | | 82,000 00 |
| A DÉDUIRE : | | |
| Intérêts de la mise dehors. | 15,000 00 | 22,000 00 |
| Supplément de frais de maison (1). . . . . . . . . . | 7,000 00 | |
| Bénéfice net représentant 20 pour 100 de la mise dehors. . . . . . . | | 60,000 00 |

L'établissement serait à l'abri des chances défavorables qui n'accablent que trop souvent les entreprises purement industrielles ou commerciales : on s'y livrerait à la culture et on manipulerait les récoltes de manière à conserver la majeure partie des bénéfices qu'elles pourraient procurer ; ce ne serait alors qu'une véritable exploitation rurale que l'on ferait valoir de la manière la plus lucrative possible, et une telle entreprise n'aurait rien de hasardeux : elle devrait nécessairement être couronnée de succès. Ce succès serait d'autant plus certain qu'il dépendrait en grande partie d'une économie de frais de maison et d'un affranchissement de démarches, de transports, de droits de commission et accessoires : il aurait d'autant plus de durée que la concurrence ne pourrait de long-temps préjudicier à ces sortes d'entreprises.

Les bénéfices que présenterait l'exploitation seraient au moins doubles si on faisait blanchir la toile dans l'établissement, car on pourrait alors traiter directement avec les marchands en détail ; au bénéfice du blanchisseur se joindrait ainsi naturellement celui du marchand en gros ; en outre on aurait bien des avantages sur le marchand en gros et le blanchisseur ; il n'y aurait plus de transports de toiles de la demeure du commissionnaire au magasin, du magasin à la blanchisserie et réciproquement; plus de déballage ; la comptabilité serait infiniment simplifiée ; enfin on économiserait presque tous les frais de maison.

(1) Les 300 arpens de terre en blé et menus grains devraient contribuer à ces frais pour 3,000 f. : ils seraient donc, au total, de 10,000 f.

Mais comme les toiles ne s'écouleraient plus au fur et à mesure de la fabrication, qu'elles seraient vendues à terme au lieu de l'être au comptant; qu'il faudrait de nouvelles constructions, de nouvelles machines, le capital de 300,000 francs ne suffirait plus, il faudrait au moins 500,000 francs: différence, 200,000 francs. On ne devrait pas balancer pour cette nouvelle avance, car un bénéfice net de plus de 25 pour 100 y serait attaché.

Il est bon de remarquer que le bénéfice net que nous retirerions de chaque arpent de terre serait de près de 600 francs en nous bornant à cultiver, filer et tisser, et s'éleverait à près de 1,400 francs, si nous blanchissions nos toiles. Dans ce dernier cas, notre bénéfice serait souvent supérieur à la valeur du sol qui aurait produit le lin. Est-il en France une autre plante susceptible de donner un pareil résultat?

Retournons sur nos pas et jetons un dernier coup d'œil sur notre établissement.

Il serait nécessairement la source de tous les perfectionnemens : rouir en atelier, obtenir communément une plus grande finesse sans augmentation de déchet et à moins de frais, proportions gardées; faire disparaître les inconvéniens qui balancent l'économie de main-d'œuvre résultant du broiement par machines et du tissage à la mécanique, tel serait constamment l'objet de nos efforts, et personne n'aurait certes autant de moyens que nous pour y parvenir.

Admettons que nous atteindrions notre but en quelques années; que notre dépense serait réduite de moitié pour le rouissage et des $\frac{2}{3}$ pour le broiement; que nous filerions le N°. 40 sans surcroît de déchet; que ce fil ne nous reviendrait en main-d'œuvre et en frais généraux qu'à 1 fr. 50 c. le kilog.; que le tissage à la mécanique ne nous coûterait, tout compris, que 75 c. l'aune; que nous blanchirions nos toiles; admettons enfin que nous les vendrions en gros.

Eh bien! dans cet état de choses et d'après le cours

actuel, nous obtiendrions au moins un produit de. . . . . . . . . . . . . . . . . . . . 650,000 00

Notre dépense s'éleverait au plus à 250,000 00

Nous aurions conséquemment un bénéfice de. . . . . . . . . . . . . . . . 400,000 00

Et comme il ne nous faudrait à peu près qu'une mise de 500,000 francs nos fonds nous rapporteraient 80 pour 100.

Mais ce serait nous abuser que de compter sur cette perspective. En voici la raison : les perfectionnemens que nous signalons ne seraient point tous l'ouvrage du même jour ; au fur et à mesure qu'ils auraient lieu, ils seraient connus à la concurrence, qui est constamment aux aguets, s'en emparerait en toute hâte ; elle marcherait son train accoutumé et amenerait sans cesse une diminution qui approcherait plus ou moins des avantages qu'ils procureraient, ou y serait même proportionnée. Alors, bien qu'on pourrait obtenir de la culture et de la filature du lin, exploitées simultanément, de plus grands bénéfices que ceux qu'elles présenteraient aujourd'hui, jamais ces bénéfices ne monteraient à 80 pour 100.

C'est donc principalement au profit de la consommation que tourneraient ces perfectionnemens, ils nous permettraient de lui ouvrir une très large marge de concessions ; car la valeur des toiles réduite de moitié, nous aurions encore un bénéfice d'environ 20 pour 100. Quelque rapide que soit leur marche, bien des années s'écouleront avant que nous arrivions à ce point. D'ici là, le lin pourra être une source de fortune ; la prospérité d'un grand nombre de familles pourra en dépendre.

Maintenant que nous avons fait ressortir, autant que nos faibles moyens nous le permettent, les avantages que le lin peut offrir à l'intérêt privé, nous croyons, avant de terminer, devoir examiner rapidement ceux que la propagation de sa culture présenterait à l'intérêt public.

*Intérêt de la France en elle-même.*

La prospérité des Etats dépend nécessairement de l'exportation et de l'importation : celui-là où on exporte plus qu'on n'importe s'enrichit ; la gêne et une ruine plus ou moins éloignée sont les conséquences inévitables d'une position inverse.

Il nous importe donc de nous affranchir du tribut que nous payons à l'étranger pour les fils et les toiles : à cet effet, il suffirait de semer annuellement en lin 10,000 arpens de plus ; cent exploitations nous les fourniraient.

Mais subvenir à notre consommation ce n'est point là que devraient se borner nos efforts : nous pourrions aussi travailler pour les autres, faire en sorte de vendre à meilleur compte que nos voisins, monter mille établissemens au lieu de cent, et par suite exporter pour une somme considérable de toiles. Aucune marchandise n'étant d'un placement plus facile, nous ne serions pas gênés pour les débouchés, et c'est alors que nous marcherions grand train vers la fortune. Plus productif qu'aucune autre plante, le lin est notre plus puissant moyen pour nous en frayer la route.

*Intérêt de la classe ouvrière.*

La manipulation générale du lin revient à près de 2,000 fr. par arpent pour la main-d'œuvre seulement. Que de bras non employés le seraient si la culture du lin se propageait !

*Intérêt des cultivateurs et des propriétaires.*

Augmentation considérable dans le produit du sol, voilà l'avantage des cultivateurs ; celui des propriétaires en dériverait : plus on retire des biens ruraux, plus ils ont de valeur.

FIN.

Nota. *Les personnes qui auraient quelques observations à faire sur le Mémoire sont priées de les adresser à l'auteur, rue de la Couture*, n°. 57, *à Reims* (*Marne*).

www.ingramcontent.com/pod-product-compliance
Ingram Content Group UK Ltd.
Pitfield, Milton Keynes, MK11 3LW, UK
UKHW021947260726
13994UKWH00004B/1581

9 782329 422855